EL PRINCIPIO DE LOS

loros BEBÉS

KIM THOMPSON

CREATIVE EDUCATION • CREATIVE PAPERBACKS

CONT

ENIDO

SOY UN POLLUELO.

Soy un loro bebé.

Nací
sin plumas.
Crecerán más
adelante.

Mi mamá y mi papá encontraron una cavidad en un árbol alto. Lo cubrieron con plantas suaves.

Mi mamá puso un huevo adentro. Mi papá le trajo comida.

¡Después de un mes, salí del cascarón!

Después de tres meses, tengo plumas coloridas.

Estoy listo para volar. Mis padres me ayudan.

Mi pico curvado puede romper nueces.

Soy inteligente.
Me gusta aprender y jugar.

Hago muchos sonidos diferentes. ¡Incluso puedo imitar palabras humanas!

Puedo vivir hasta 80 años.

HABLA Y ESCUCHA

¡CUAA!

¿Puedes hablar como un polluelo?

Los loros bebés gritan y chillan.

Escucha estos sonidos:

https://www.youtube.com/watch?v=aj3ny_GTuhM

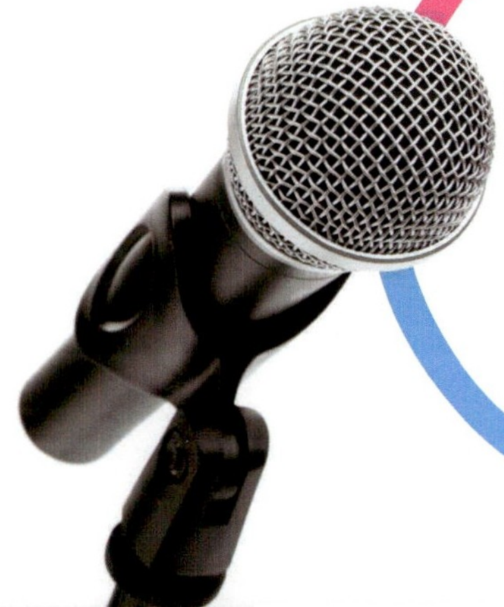

¡Ahora es tu turno!

PALABRAS DE POLLUELO

cavidad: un lugar hueco o abertura

imitar: copiar lo que alguien dice o hace

plumas: partes ligeras y suaves que cubren el cuerpo de un ave

salir del cascarón: romper el cascarón de un huevo para nacer

ÍNDICE ALFABÉTICO

PUBLICADO POR CREATIVE EDUCATION Y CREATIVE PAPERBACKS
P.O. Box 227, Mankato, Minnesota 56002
Creative Education y Creative Paperbacks son sellos editoriales de The Creative Company
www.thecreativecompany.us

CATALOGING-IN-PUBLICATION DATA ESTÁ DISPONIBLE EN LIBRARY OF CONGRESS
LCCN: 2024054062
Library Binding ISBN: 9798889898597
Paperback ISBN: 9781682778999
eBook ISBN: 9798889899389

DISEÑO Y PRODUCCIÓN
Diseño por Rhea Magaro
Producción de Beeline Media and Design, Inc.
Dirección artística de Tom Morgan

FOTOGRAFÍAS de Dreamstime/Tahreerqau, portada; Shutterstock/Bohbeh, 13, Eric Isselee, 4, 5, 11, David Ryo, 7, Ian Duffield, 8, PRIN6395, 10-11, Rosa Jay, 2-3, Wut_ Moppie, 6-7, yakub88, 9, YK, 12, ZoranOrcik, 14

Impreso en los Estados Unidos de América